创新家装设计选材与预算第2季 编写组 编

创新家装设计
选材与预算 第2季

混搭之美

U0310731

机械工业出版社
CHINA MACHINE PRESS

"创新家装设计选材与预算第2季"包括简约现代、混搭之美、清新浪漫、中式演绎、低调奢华五个分册。针对整体风格和局部设计的特点，结合当前流行的家装风格，每分册又包含客厅、餐厅、卧室、厨房和卫浴五大基本空间。为方便读者进行材料预算及选购，本书有针对性地配备了通俗易懂的材料贴士，并对家装中经常用到的主要材料做了价格标注，方便读者参考及预算。

图书在版编目（CIP）数据

创新家装设计选材与预算．第2季．混搭之美 / 创新家装设计选材与预算第2季编写组编．— 2版．— 北京：机械工业出版社，2016.10
ISBN 978-7-111-55185-0

Ⅰ．①创… Ⅱ．①创… Ⅲ．①住宅－室内装修－装修材料②住宅－室内装修－建筑预算定额 Ⅳ．①TU56②TU723.3

中国版本图书馆CIP数据核字(2016)第248082号

机械工业出版社（北京市百万庄大街22号　邮政编码 100037）
策划编辑：宋晓磊　　　　　　　责任编辑：宋晓磊
责任印制：李　洋　　　　　　　责任校对：白秀君
北京新华印刷有限公司印刷

2016年11月第2版第1次印刷
210mm×285mm·6印张·190千字
标准书号：ISBN 978-7-111-55185-0
定价：29.80元

目录
Contents

材料选购预算速查表

P02 红砖

P10 条纹壁纸

P18 米色抛光墙砖

P26 仿木纹玻化砖

P34 装饰银镜

P39 密度板拓缝

P44 米色玻化砖

P50 石膏顶角线

P54 混纺地毯

P62 印花壁纸

P70 肌理壁纸

P74 米色人造大理石

P80 实木顶角线

P84 米色亚光墙砖

P90 木纹大理石

混搭之美
客厅

❶ 木质搁板

❷ 茶色烤漆玻璃

❸ 印花壁纸

❹ 艺术地毯

❺ 有色乳胶漆

❻ 白枫木饰面板

❼ 浅啡网纹大理石波打线

❶ 艺术地毯

❷ 有色乳胶漆

❸ 红砖

❹ 陶瓷锦砖

❺ 米黄色网纹大理石波打线

❻ 白色玻化砖

❼ 大理石踢脚线

▶ 红砖一般由红土制成，依据各地土质的不同，砖的颜色也不完全一样。一般来说，红土制成的砖及煤渣制成的砖比较坚固，既有一定的强度和耐久性，又因其多孔而具有一定的保温隔热、隔声等优点。居室内用红砖来装饰墙面，既典雅古朴，又展现了个性的装饰风格。

参考价格： 规格240mm×115mm×53mm 0.5~0.9元/块

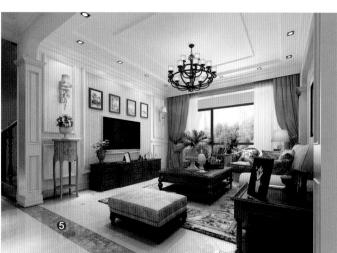

❶ 文化石

❷ 木质踢脚线

❸ 木质搁板

❹ 白色乳胶漆

❺ 胡桃木装饰横梁

❻ 彩色釉面砖拼贴

❼ 白松木板吊顶

❶ 白松木装饰横梁

❷ 有色乳胶漆

❸ 木质窗棂造型隔断

❹ 仿古砖

❺ 米黄色网纹大理石

❻ 混纺地毯

❶ 白枫木装饰线

❷ 白色乳胶漆

❸ 混纺地毯

❹ 米色网纹玻化砖

❺ 白枫木饰面板

❻ 胡桃木装饰横梁

❼ 木质搁板

❶ 装饰灰镜
❷ 混纺地毯
❸ 木纹大理石
❹ 白枫木装饰线
❺ 米黄网纹大理石波打线
❻ 爵士白大理石
❼ 艺术地毯

❶ 胡桃木装饰线

❷ 米色洞石

❸ 白枫木窗棂造型

❹ 装饰壁布

❺ 艺术地毯

❻ 有色乳胶漆

❼ 陶瓷锦砖

❶ 仿木纹玻化砖

❷ 茶镜装饰线

❸ 羊毛地毯

❹ 木质搁板

❺ 深啡网纹大理石波打线

❻ 印花壁纸

❼ 有色乳胶漆

❶ 装饰灰镜

❷ 米黄色网纹大理石

❸ 大理石踢脚线

❹ 茶色烤漆玻璃

❺ 桦木饰面板

❻ 陶瓷锦砖

❼ 车边灰镜

❶ 艺术地毯

❷ 仿古砖

❸ 仿古壁纸

❹ **条纹壁纸**

❺ 白枫木装饰线

❻ 黑白根大理石波打线

▶ 条纹壁纸往往印有传统的图案，尽显大方和稳重，可以使居室显得更加明亮，而竖条纹也会使房间显得更高大。最好选择清新典雅的颜色，地面和家具最好同一色系，家中的配饰和所用的织物避免过多的竖条图案，最好选择和壁纸统一的色系，否则一个房间内图案太多的话，会显得过于杂乱。

参考价格： 规格（平方米／卷）：5.3 平方米 80~108 元

❶ 红樱桃木饰面板

❷ 仿木纹亚光玻化砖

❸ 装饰银镜

❹ 印花壁纸

❺ 米黄色网纹玻化砖

❻ 车边银镜

❼ 强化复合木地板

❶ 有色乳胶漆

❷ 白枫木饰面板

❸ 黑胡桃木饰面板

❹ 泰柚木饰面板

❺ 白枫木装饰线

❻ 白枫木格栅

❼ 艺术地毯

❶ 浅灰网纹大理石

❷ 艺术地毯

❸ 胡桃木装饰横梁

❹ 水曲柳饰面板

❺ 白松木板吊顶

❻ 木纹大理石

❼ 黑白根大理石波打线

❶ 印花壁纸

❷ 文化石

❸ 雕花茶镜

❹ 装饰壁布

❺ 木纹大理石

❻ 泰柚木饰面板

❼ 布艺软包

❶ 艺术地毯

❷ 木质踢脚线

❸ 有色乳胶漆

❹ 米黄色玻化砖

❺ 强化复合木地板

❻ 印花壁纸

❼ 米色网纹玻化砖

❶ 有色乳胶漆

❷ 陶瓷锦砖波打线

❸ 石膏装饰线

❹ 仿古砖

❺ 大理石装饰线

❻ 木纹大理石

❶ 有色乳胶漆

❷ 混纺地毯

❸ 爵士白大理石

❹ 仿古砖

❺ 水曲柳饰面板

❻ 黑色烤漆玻璃

❼ 雕花茶镜

❶ 艺术地毯

❷ 红砖

❸ 陶瓷锦砖

❹ 米色抛光墙砖

❺ 装饰墙贴

❻ 白枫木格栅

❼ 米色抛光墙砖

▶ 抛光墙砖能很好地协调居室内的色彩设计，而且贴墙砖是保护墙面免遭水溅的有效途径。它们不仅用于墙面，还用在门窗的边缘装饰上，也是一种有趣的装饰元素。用于踢脚线处的装饰墙砖，不仅美观，而且可以保护墙基不被鞋或桌椅凳脚弄脏。

参考价格： 规格300mm×450mm 8~12元/片

❶ 红樱桃木饰面板

❷ 装饰灰镜

❸ 白枫木格栅吊顶

❹ 条纹壁纸

❺ 强化复合木地板

❻ 白枫木装饰线

❼ 桦木饰面板

❶ 胡桃木装饰横梁

❷ 印花壁纸

❸ 车边银镜

❹ 中花白大理石

❺ 黑白根大理石波打线

❻ 米黄网纹大理石

❼ 红樱桃木饰面板

❶ 装饰壁布

❷ 磨砂玻璃

❸ 仿木纹玻化砖

❹ 仿古砖

❺ 车边茶镜

❻ 红砖

❼ 密度板混油

❶ 红砖

❷ 仿古砖

❸ 米色玻化砖

❹ 红樱桃木饰面板

❺ 米黄色网纹大理石波打线

❻ 中花白大理石

❼ 混纺地毯

❶ 艺术玻璃

❷ 白枫木饰面板

❸ 米黄色网纹大理石

❹ 密度板雕花隔断

❺ 艺术地毯

❻ 白色玻化砖

❼ 米黄色大理石

❶ 印花壁纸

❷ 布艺软包

❸ 木质踢脚线

❹ 有色乳胶漆

❺ 白枫木装饰线

❻ 文化砖

❼ 仿古砖

❶ 绯红网纹大理石
❷ 肌理壁纸
❸ 强化复合木地板
❹ 仿古砖
❺ 文化石
❻ 米色大理石
❼ 布艺软包

❶ 印花壁纸

❷ 文化石

❸ 皮革硬包

❹ 仿木纹玻化砖

❺ 米黄色亚光玻化砖

❻ 密度板混油

❼ 银镜装饰线

▶ 仿木纹地砖的重要特点是：拥有木地板的温暖外观，并用瓷砖演绎出个性的风采。仿木纹地砖自然意境浓郁，能与户外的自然景致紧密地结合。设计师通过对这些样式的巧妙处理来改善我们的生活空间，从而弥补原有建筑设计的不足，营造出理想的空间氛围和意境，美化我们的生活。

参考价格：规格1200mm×200mm 25~55元/片

❶ 水曲柳饰面板

❷ 艺术地毯

❸ 石膏装饰线

❹ 有色乳胶漆

❺ 仿古砖

❻ 桦木装饰横梁

❼ 木纹大理石

❶ 密度板雕花贴银镜

❷ 文化砖

❸ 印花壁纸

❹ 米黄网纹大理石

❺ 爵士白大理石

❻ 皮革装饰硬包

❶ 白松木装饰横梁

❷ 强化复合木地板

❸ 有色乳胶漆

❹ 米色玻化砖

❺ 深啡网纹大理石波打线

❻ 釉面砖

❼ 仿古砖

❶ 白色乳胶漆

❷ 仿古砖

❸ 印花壁纸

❹ 木质窗棂造型

❺ 红樱桃木装饰线

❻ 混纺地毯

❼ 肌理壁纸

❶ 陶瓷锦砖

❷ 有色乳胶漆

❸ 仿古砖

❹ 胡桃木饰面板

❺ 艺术地毯

❻ 米黄色网纹大理石

❼ 装饰茶镜

❶ 木质搁板

❷ 强化复合木地板

❸ 有色乳胶漆

❹ 装饰壁布

❺ 布艺装饰硬包

❻ 白枫木装饰线

❼ 艺术地毯

混搭之美
餐厅

❶ 大理石拼花

❷ 仿古砖

❸ 车边银镜

❹ 白枫木装饰线

❺ 白色乳胶漆

❻ 钢化清玻璃

❼ 仿古砖

❶ 陶瓷锦砖

❷ 泰柚木饰面板

❸ 中花白大理石

❹ 白枫木窗棂造型隔断

❺ 深茶色烤漆板橱柜

❻ 有色乳胶漆

❼ 装饰银镜

▶ 使用装饰银镜面来美化居室，能使居室在视觉上更加美观舒适。根据居室光线的不同，可以选用蓝色片或茶色片，像釉面砖一样粘贴在沙发上方的墙面上，形成一个玻璃镜面幕墙。为了使墙面装饰更富有立体感，还可对镜面进行深加工，如磨边、喷砂、雕刻，用镶、拼等手法加以装饰。在光照的折射下，整个居室会如同"水晶宫"般透亮。

参考价格: 120~500元/m²

❶ 车边银镜

❷ 水曲柳饰面板

❸ 肌理壁纸

❹ 茶色镜面玻璃

❺ 白枫木装饰线

❻ 热熔玻璃

❼ 强化复合木地板

❶ 红松木板吊顶

❷ 文化砖

❸ 密度板雕花隔断

❹ 条纹壁纸

❺ 有色乳胶漆

❻ 布艺卷帘

❼ 大理石踢脚线

❶ 直纹斑马木饰面板

❷ 陶瓷锦砖

❸ 深啡网纹大理石波打线

❹ 有色乳胶漆

❺ 木质窗棂造型贴银镜

❻ 红樱桃木饰面板

❼ 白枫木装饰线

❶ 肌理壁纸

❷ 有色乳胶漆

❸ 浅啡网纹大理石玻化砖

❹ 仿古砖

❺ 轻钢龙骨装饰横梁

❻ 印花壁纸

❼ 艺术地毯

❶ 大理石踢脚线

❷ **密度板拓缝**

❸ 木质窗棂造型贴银镜

❹ 车边银镜

❺ 热熔玻璃

❻ 仿古砖

❼ 有色乳胶漆

▶ 密度板是较好的人造板材之一，质软，耐冲击，强度较高，压制好后密度均匀，也容易再加工，但缺点是防水性较差。中密度板和高密度板，是将小口径木材打磨碎后加胶在高温高压下压制而成的，为现在所通用。密度板拓缝用于室内墙面的装饰能够起到良好的装饰效果。

参考价格: 规格1220mm×2440mm×15mm 140~180元

❶ 白松木板吊顶

❷ 磨砂玻璃

❸ 实木雕花隔断

❹ 桦木饰面板

❺ 直纹斑马木饰面板

❻ 白色乳胶漆

❶ 车边银镜

❷ 木质踢脚线

❸ 印花壁纸

❹ 有色乳胶漆

❺ 泰柚木饰面板

❻ 桦木饰面板

❼ 仿古砖

❶ 白松木板吊顶

❷ 釉面砖

❸ 轻钢龙骨装饰横梁

❹ 实木雕花隔断

❺ 大理石踢脚线

❻ 条纹壁纸

❼ 米黄色玻化砖

❶ 茶色镜面玻璃

❷ 木质踢脚线

❸ 直纹斑马木饰面板

❹ 大理石踢脚线

❺ 米色网纹亚光墙砖

❻ 浅咖网纹大理石波打线

❶ 车边银镜

❷ 木质搁板

❸ 米白色玻化砖

❹ 米色玻化砖

❺ 雕花茶镜

❻ 水曲柳饰面板

❼ 浅啡网纹大理石

▶ 选择玻化砖，一定要注重其光洁度、砖体颜色、分量以及环保性。缝隙越小、结合得越紧密，表明光洁度就越好。光洁度越好，就说明玻化砖的生产工艺越高。人们越来越重视环保，所以购买玻化砖的时候还要看产品的相关质检报告，尤其要看产品的辐射性指标。

参考价格: 规格800mm×800mm 120~200元/片

① 钢化清玻璃

② 装饰银镜

③ 红樱桃木饰面板

④ 黑镜吊顶

⑤ 有色乳胶漆

⑥ 水曲柳饰面板

⑦ 白枫木格栅

❶ 强化复合木地板

❷ 有色乳胶漆

❸ 实木装饰立柱

❹ 车边茶镜

❺ 白色乳胶漆

❻ 密度板混油

❼ 米黄色网纹玻化砖

❶ 中花白大理石

❷ 磨砂玻璃

❸ 胡桃木装饰横梁

❹ 陶瓷锦砖

❺ 仿古砖

❻ 实木雕花隔断

❼ 有色乳胶漆

❶ 黑胡桃木装饰横梁

❷ 仿古砖

❸ 深啡网纹大理石波打线

❹ 有色乳胶漆弹涂

❺ 木质踢脚线

❻ 胡桃木饰面板

❼ 有色乳胶漆

❶ 轻钢龙骨装饰横梁

❷ 条纹壁纸

❸ 车边茶镜

❹ 磨砂玻璃

❺ 木质踢脚线

❻ 白色乳胶漆

❼ 强化复合木地板

❶ 车边银镜

❷ 米色网纹玻化砖

❸ 车边银镜吊顶

❹ 爵士白大理石

❺ **石膏顶角线**

❻ 条纹壁纸

❼ 有色乳胶漆

▶ 石膏顶角线成45°斜角连接，拼接时要用胶，并用防锈木螺钉固定。防锈木螺钉打入石膏线内，并用腻子抹平。相邻石膏花饰的接缝用石膏腻子填满抹平，螺丝孔用白石膏抹平，等石膏腻子干燥后，由油漆工进行修补、打平。应严防石膏花饰遇水受潮变质变色。石膏装饰线应平整、顺直，不得出现弯曲、裂痕、污痕等。固定石膏线用的螺钉须为防锈制品。

参考价格： 规格 2500mm 13~25 元 / 根

❶ 印花壁纸

❷ 木质踢脚线

❸ 白松木板吊顶

❹ 釉面砖

❺ 陶瓷锦砖

❻ 装饰灰镜

❼ 胡桃木装饰横梁

❶ 黑胡桃木装饰横梁

❷ 仿古砖

❸ 木质搁板

❹ 肌理壁纸

❺ 大理石踢脚线

❻ 白色乳胶漆

❼ 强化复合木地板

混搭之美
卧室

❶ 胡桃木装饰线
❷ 磨砂玻璃
❸ 印花壁纸
❹ 布艺软包
❺ 强化复合木地板
❻ 肌理壁纸
❼ 羊毛地毯

❶ 印花壁纸

❷ 混纺地毯

❸ 有色乳胶漆

❹ 车边银镜

❺ 强化复合木地板

❻ 红樱桃木饰面板

❼ 泰柚木饰面板

▶ 混纺地毯品种很多，常以纯毛纤维和各种合成纤维混纺，用羊毛与合成纤维，如尼龙、锦纶等混合编织而成。混纺地毯的耐磨性能比纯羊毛地毯高出五倍，同时克服了化纤地毯易起静电、易吸尘的缺点，也克服了纯毛地毯易腐蚀等缺点。混纺地毯具有保温、耐磨、抗虫蛀、强度高等优点。弹性、脚感比化纤地毯好，价格适中，特别适合在经济型装修的住宅中使用。

参考价格：规格1400mm×2000mm 400~550元

❶ 印花壁纸

❷ 白枫木饰面板

❸ 有色乳胶漆

❹ 实木地板

❺ 白枫木装饰线

❻ 羊毛地毯

❶ 白枫木百叶

❷ 艺术地毯

❸ 黑胡桃木装饰线

❹ 强化复合木地板

❺ 水曲柳饰面板

❻ 木质踢脚线

❶ 艺术墙砖

❷ 强化复合木地板

❸ 装饰灰镜

❹ 银镜装饰线

❺ 艺术地毯

❻ 布艺软包

❼ 印花壁纸

❶ 布艺装饰硬包

❷ 实木顶角线

❸ 强化复合木地板

❹ 印花壁纸

❺ 肌理壁纸

❻ 石膏装饰线

❼ 木质窗棂造型

❶ 肌理壁纸

❷ 艺术地毯

❸ 有色乳胶漆

❹ 皮革软包

❺ 泰柚木装饰线

❻ 印花壁纸

❼ 木质踢脚线

❶ 泰柚木饰面板

❷ 有色乳胶漆

❸ 红樱桃木百叶

❹ 艺术地毯

❺ 肌理壁纸

❻ 皮革装饰硬包

1 白枫木饰面板

2 混纺地毯

3 装饰灰镜

4 泰柚木装饰线

5 皮革软包

6 有色乳胶漆

7 艺术地毯

❶ 布艺软包

❷ 印花壁纸

❸ 白枫木装饰线

❹ 混纺地毯

❺ 红樱桃木饰面板

❻ 车边茶镜

❼ 木质装饰线描金

▶ 印花艺术具有色彩多样、图案丰富、豪华气派、安全环保、施工方便、价格适宜等多种其他室内装饰材料所无法比拟的特点，体现了视觉与触觉上的质感。可以选择不同风格的浮雕壁纸来展示居家装饰的个性主题，让生活更加丰富多彩。

参考价格： 规格（平方米 / 卷）：5.3 平方米 90~260 元

❶ 白枫木装饰线

❷ 有色乳胶漆

❸ 黑胡桃木装饰线

❹ 艺术地毯

❺ 条纹壁纸

❻ 强化复合木地板

❼ 装饰灰镜

❶ 车边银镜

❷ 皮革软包

❸ 手绘墙饰

❹ 条纹壁纸

❺ 木质踢脚线

❻ 胡桃木窗棂造型

❼ 肌理壁纸

❶ 茶镜装饰线

❷ 强化复合木地板

❸ 皮革软包

❹ 艺术地毯

❺ 白枫木饰面板

❻ 白色乳胶漆

❼ 泰柚木饰面板

❶ 印花壁纸

❷ 红樱桃木饰面板

❸ 雕花银镜

❹ 印花壁纸

❺ 羊毛地毯

❻ 胡桃木装饰线

❼ 胡桃木窗棂造型

❶ 装饰银镜

❷ 仿木纹壁纸

❸ 泰柚木饰面板

❹ 艺术地毯

❺ 白枫木饰面板

❻ 印花壁纸

❶ 白色乳胶漆

❷ 艺术地毯

❸ 白枫木装饰线

❹ 强化复合木地板

❺ 红樱桃木饰面板

❻ 仿木纹壁纸

❼ 布艺装饰硬包

❶ 肌理壁纸

❷ 条纹壁纸

❸ 印花壁纸

❹ 红樱桃木饰面板

❺ 白枫木装饰线

❻ 白枫木饰面板

❼ 强化复合木地板

❶ 有色乳胶漆

❷ 胡桃木装饰线

❸ 强化复合木地板

❹ 手绘墙饰

❺ 白松木板吊顶

❻ 印花壁纸

❼ **肌理壁纸**

▶ 不同的肌理壁纸，因反射光的空间分布不同，会产生不同的光泽度和物体表面感知性，因此会给人带来不同的心理感受。例如，细腻光亮的质面，反射光的能力强，会给人轻快、活泼、欢乐的感觉；平滑无光的质面，由于光反射量少，会给人含蓄、安静、质朴的感觉；粗糙有光的质面，由于反射光点多，会给人缤纷、闪耀的感觉；而粗糙无光的质面，则会使人感到生动、稳重和悠远。

参考价格: 规格（平方米/卷）：5.3平方米 90~260元

❶ 胡桃木装饰线

❷ 装饰壁布

❸ 印花壁纸

❹ 红樱桃木百叶

❺ 艺术地毯

❻ 有色乳胶漆

❼ 红樱桃木装饰横梁

❶ 白色乳胶漆

❷ 艺术地毯

❸ 布艺软包

❹ 石膏顶角线

❺ 红樱桃木饰面板

❻ 强化复合木地板

❼ 胡桃木装饰线

混搭之美
厨房

❶ 釉面砖

❷ 直纹斑马木饰面板

❸ 镜面锦砖

❹ 三氰饰面板

❺ 木纹大理石

❻ 仿木纹烤漆橱柜

❶ 铝扣板吊顶

❷ 黑胡桃木饰面板

❸ 云纹亚光墙砖

❹ 黑白云纹亚光玻化砖

❺ 米色玻化砖

❻ **米色人造大理石**

❼ 木纹大理石

▶ 人造装饰石材的花纹的形式和形状能够形成美丽的斑纹，所以具有独特的艺术性、方向性和连续性，常用来改善建筑空间，丰富室内装饰。在使用装饰石材做墙面饰面时，将直线花纹用在水平方向，会使视线向远处延伸，产生宁静、平稳、使空间高度变矮的感觉。

参考价格：规格800mm×800mm 120~200元/片

❶ 胡桃木装饰横梁

❷ 红樱桃木饰面橱柜

❸ 布艺卷帘

❹ 米黄大理石

❺ 黑白根大理石波打线

❻ 浅啡网纹大理石

❼ 釉面砖

❶ 黑晶砂大理石台面

❷ 米色洞石

❸ 红樱桃木饰面板

❹ 仿古砖

❺ 铝扣板吊顶

❻ 米色亚光墙砖

❼ 黑白根大理石台面

❶ 陶瓷锦砖

❷ 水曲柳饰面橱柜

❸ 胡桃木装饰横梁

❹ 釉面砖

❺ 竹制卷帘

❻ 米黄色亚光玻化砖

❶ 釉面砖
❷ 米色网纹亚光墙砖
❸ 直纹斑马木饰面橱柜
❹ 木质卷帘
❺ 石膏板顶角线
❻ 米黄色玻化砖
❼ 米色亚光玻化砖

❶ 米色亚光墙砖

❷ 木质卷帘

❸ 铝扣板吊顶

❹ 仿古砖

❺ 铝制百叶

❻ 仿古墙砖

❶ 米色玻化砖

❷ 白松木板吊顶

❸ 实木顶角线

❹ 双色釉面砖拼花

❺ 石膏装饰线

❻ 铝制百叶

❼ 云纹大理石

▶ 因为有的建筑物层高比较高，会显得空旷，所以可在顶和墙面之间装饰一圈实木顶角线。既可以选择没有任何造型的，也可以选择带有花纹的。可根据不同的需要选用榉木、柚木、松木、椴木、杨木等造型的实木线条固定在墙角，然后再选择涂刷清油、混油或油漆。

参考价格：规格 80mm×150mm×2500 mm32~58 元 / 根

❶ 深啡网纹大理石

❷ 胡桃木饰面板

❸ 铝扣板吊顶

❹ 米黄色网纹玻化砖

❺ 彩绘玻璃

❻ 陶瓷锦砖

❼ 木纹大理石

❶ 艺术墙砖腰线

❷ 白松木板吊顶

❸ 文化砖

❹ 木质搁板

❺ 陶瓷锦砖

❻ 装饰茶镜

❼ 艺术墙砖

混搭之美
卫浴

❶ 陶瓷锦砖

❷ 木纹大理石

❸ 黑白根大理石台面

❹ 木质卷帘

❺ 钢化玻璃

❶ 艺术墙砖

❷ 双色釉面砖拼花

❸ 铝扣板吊顶

❹ 铝制百叶

❺ 米色亚光墙砖

❻ 陶瓷锦砖

❼ 浅啡网纹大理石

▶ 亚光是相对于抛光而言的，也就是非亮光面。可以避免光污染，维护起来比较方便。过亮的墙砖，不仅会影响家居环境的温馨、舒适，而且光反射会对视网膜产生刺激，超出眼睛的适应性，会使眼睛疲劳，甚至会导致视觉功能下降，同时还容易使人出现头昏、心烦、失眠、食欲下降、情绪低落、身体乏力等类似神经衰弱的症状。选用亚光墙砖则能避免上述问题的发生。

参考价格：规格300mm×450mm 6~15元/片

❶ 白色抛光墙砖

❷ 红樱桃木装饰线

❸ 釉面砖

❹ 羊毛地毯

❺ 米黄洞石

❻ 艺术地毯

❶ 米黄网纹大理石

❷ 浅啡网纹大理石

❸ 白松木板吊顶

❹ 深啡网纹大理石台面

❺ 米色亚光墙砖

❻ 磨砂玻璃

❼ 釉面地砖

❶ 陶瓷锦砖

❷ 艺术墙砖

❸ 浅啡网纹大理石

❹ 铝制百叶

❺ 艺术墙砖腰线

❻ 文化砖

❶ 泰柚木饰面板
❷ 爵士白大理石
❸ 白松木板吊顶
❹ 米色亚光墙砖
❺ 陶瓷锦砖拼花
❻ 黑白根大理石
❼ 钢化玻璃

❶ 艺术墙砖腰线

❷ 陶瓷锦砖

❸ 布艺卷帘

❹ 中花白大理石

❺ 肌理壁纸

❻ 釉面砖

❶ 陶瓷锦砖拼花

❷ 布艺软包

❸ 钢化玻璃

❹ **木纹大理石**

❺ 布艺卷帘

❻ 釉面砖

❼ 仿古砖

▶ 木纹大理石的表面花纹看起来像木板，自然逼真、美观大方。有黑色木纹，还有米黄底等其他颜色，纹路均匀，材质富有光泽，石质颗粒细腻均匀，色彩大气，质感柔和，美观庄重，格调高雅，是装饰豪华建筑的理想材料，也是艺术雕刻的传统材料。

参考价格：170~350元/m²

❶ 陶瓷锦砖

❷ 原木防腐地板

❸ 铝制百叶

❹ 米白色亚光墙砖

❺ 米黄色网纹大理石

❻ 黑晶砂大理石波打线

① 米黄色亚光墙砖

② 铝制百叶

③ 陶瓷锦砖

④ 釉面砖

⑤ 铝扣板吊顶

⑥ 爵士白大理石

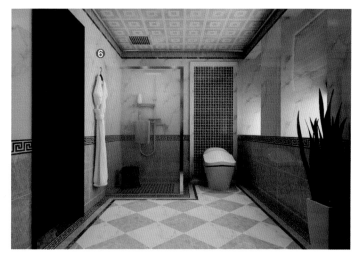